PLANETA ANIMAL

LAS GRULLAS

POR MARI BOLTE

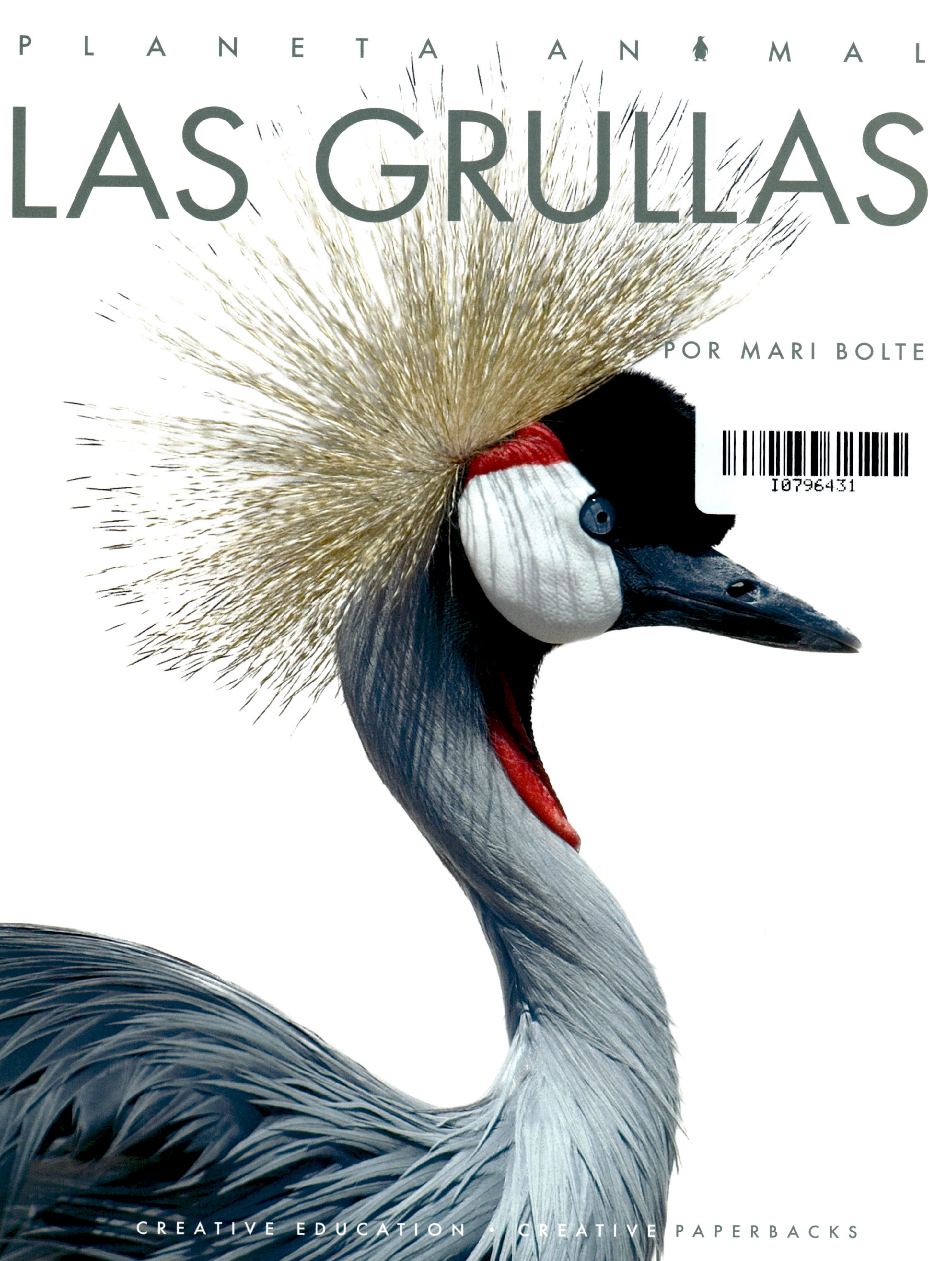

CREATIVE EDUCATION • CREATIVE PAPERBACKS

Publicado por Creative Education y Creative Paperbacks
P.O. Box 227, Mankato, Minnesota 56002
Creative Education y Creative Paperbacks
son marcas editoriales de The Creative Company
www.thecreativecompany.us

Diseño de The Design Lab
Dirección de arte de Graham Morgan
Editado de Jill Kalz

Fotografías de Alamy Stock Photo/James Schwabel, 8; Getty Images/Arthur Morris, 9, 17, Diane Miller, 5, scotthelfrichphotography.com, 14, Wolfgang Kaehler, 21; Pexels/A. G. Rosales, 6; Unsplash/Birger Strahl, 18, Hans Isaacson, 2, Jordi Rubies, 10, The Cleveland Museum of Art, 22-23; Wikimedia Commons/Andrea Westmoreland, 16, Leo za1, 7, Lorie Shaull, 13, Luc Viatour, portada, 1

Library of Congress Cataloging-in-Publication Data
Names: Bolte, Mari, author.
Title: Las grullas / by Mari Bolte.
Other titles: Cranes. Spanish
Description: Mankato, Minnesota : Creative Education and Creative Paperbacks, [2025] | Series: Planeta animal | Includes bibliographical references and index. | Audience: Ages 6–9 | Audience: Grades 2–3 | Summary: "Discover the long-necked, long-legged crane in this North American Spanish translation! Explore the bird's anatomy, diet, wetland habitat, and life cycle. Captions, on-page definitions, an animal origami story, and an index support elementary-aged kids"—Provided by publisher.
Identifiers: LCCN 2024018551 (print) | LCCN 2024018552 (ebook) | ISBN 9798889895565 (library binding) | ISBN 9781682777411 (paperback) | ISBN 9798889895664 (ebook)
Subjects: LCSH: Cranes (Birds)—Juvenile literature. | Cranes (Birds)—Behavior—Juvenile literature. | Cranes (Birds)—Life cycles—Juvenile literature.
Classification: LCC QL696.G84 B65518 2025 (print) | LCC QL696.G84 (ebook) | DDC 598.3/2—dc23/eng/20240523

Impreso en China

Índice

Las grullas vuelan con el cuello y las patas estirados.

Las grullas son aves grandes y altas. Viven en todas partes excepto en Sudamérica y la Antártida. Las grullas tienen el cuello largo, el pico grueso y la cabeza descubierta. Su **plumaje** suele ser marrón, gris o blanco. Hay 15 tipos de grullas.

plumaje plumas

Algunas grullas tienen plumas de colores en la cabeza.

Las grullas viven cerca de **marismas**. Sus largas patas les ayudan a vadear el agua. Las grullas tienen cuatro dedos en las patas. Tres son largos y finos. Apuntan hacia delante. Un dedo más pequeño apunta hacia atrás. Estos dedos ayudan a las grullas a mantener el equilibrio en el barro blando.

marismas zonas húmedas bajas que se inundan durante las estaciones lluviosas

Las plumas del cuerpo de una grulla se superponen como tejas en un tejado.

Las grullas tienen alas largas y planeadoras. Las baten lentamente y luego planean largas distancias. Por término medio, las alas de una grulla **miden** 7 pies (2,1 metros). Las grullas pueden volar hasta 50 millas (80 kilómetros) por hora.

miden para llegar de un lado a otro

Se han registrado bandadas de 20.000 grullas o más.

Las grullas les gusta estar rodeadas de otras grullas. Se aparean de por vida. Las familias o pequeños grupos llamados bandadas suelen **migrar** juntas. También son comunes las grandes bandadas de aves jóvenes.

migrar viajar de una zona a otra para alimentarse o reproducirse

Las grullas azules de África obtienen su nombre del color de sus plumas.

Las grullas son **omnívoras**. Cazan insectos, pájaros, ranas y otros animales pequeños. Utilizan sus picos afilados para apuñalar su comida. La hierba y las hojas también forman parte de la dieta de las grullas.

omnívoros animales que comen tanto plantas y animales

Las grullas apareadas construyen un nido en el suelo con plantas secas. La hembra suele poner dos huevos de forma ovalada. Tanto el macho como la hembra mantienen los huevos calientes. Las crías tardan aproximadamente un mes en nacer. También lo son las semillas y la fruta.

Una cría de grulla encuentra seguridad bajo el ala de su madre.

Los polluelos de grulla nacen con ojos azules y suaves plumas marrones. Pueden abandonar el nido a las pocas horas de nacer. También saben nadar. Los polluelos permanecen con sus padres durante casi un año.

Los polluelos pueden crecer hasta 1 pulgada (2,5 centímetros) al día.

Las grullas son conocidas por sus movimientos de baile. Bailan para encontrar pareja y estrechar lazos entre ellas. Las grullas bailarinas mueven la cabeza. Agitan las alas. Saltan, se inclinan y lanzan palos y otros objetos al aire.

El baile también puede servir para espantar a otras grullas.

¡Las grullas son ruidosas! Tienen un canto parecido a una corneta. La utilizan para hablar entre ellas. También tocan la bocina, ronronean, roncan, gimen y silban. Las grullas trompeteras son famosas por su llamada de una sola nota. Puede oírse a kilómetros de distancia.

El canto de una grulla puede oírse hasta a 2,5 millas (4 km) de distancia.

Un cuento de grullas

Si doblas 1.000 grullas de papel, tu deseo se hará realidad. Eso dice una historia vieja japonesa. Durante la Segunda Guerra Mundial (1939-45), una niña llamada Sadako Sasaki enfermó tras el bombardeo de Hiroshima. Dobló grullas y deseó un futuro mejor para todos. La gente sigue plegando grullas hoy en día para recordar a Sasaki y desear la paz.

Índice